Catalogue

de la belle et riche collection

DE

TABLEAUX ANCIENS

DES ÉCOLES FRANÇAISE, ITALIENNE, FLAMANDE, HOLLANDAISE ET ALLEMANDE,

formant le Cabinet de feu M. LE VICOMTE D'HARCOURT,

DONT LA VENTE AURA LIEU,

HOTEL DES VENTES MOBILIÈRES,

Rue des Jeûneurs, 16,

GRANDE SALLE N. 1,

Les Lundi 31 *Janvier, Mardi* 1er *et Mercredi* 2 *Février* 1842, *à une heure très précise,*

Par le ministère de Me BONNEFONS DE LAVIALLE, Commissaire-Priseur, rue de Choiseul, 11,

Et sous la direction de M. ALEXIS WÉRY, Peintre-Expert, galerie de la Bourse, 10, passage des Panoramas,

CHEZ LESQUELS SE DISTRIBUE LE PRÉSENT CATALOGUE.

EXPOSITION PUBLIQUE

Les Samedi 29 et Dimanche 30 Janvier 1842, de midi à quatre heures.

LE CATALOGUE SE DISTRIBUE AUSSI :

A LONDRES,
Chez M. MAWSON, 3, Berners-street, Oxford-street.

A BRUXELLES,
M. HÉRIS, rue Royale, 104 ;
M. MALECK DE WERTENFELS, boulevart du Régent, 1.

A AMSTERDAM,
M. BRONDGEEST, Héerengraght, 30.

1841

CONDITION DE LA VENTE.

Les adjudicataires paieront 5 p. 0/0 *en sus des enchères, applicables aux frais.*

AVANT-PROPOS.

La collection de tableaux, formée par feu M. le vicomte d'Harcourt, date d'une origine déjà reculée; elle contient quelques tableaux achetés dans des ventes fort anciennes, telles que celle de M. Blondel de Gagny, et même celle de M. le comte de Merle, qui eut lieu en 1784. Depuis, et successivement dans chaque vente renommée, M. d'Harcourt a fait un ou plusieurs choix, selon ses prédilections, comme avec le tact fin qu'il tenait d'une organisation d'artiste : il affectionnait principalement les écoles du nord, dont il a rassemblé les maîtres : il les achetait selon son goût, avant de se préoccuper de leur importance commerciale, ou s'ils lui représentaient une valeur, ce calcul ne fut jamais le sien.

Dans cette collection, réunie avec une persévérance si louable, on remarque presque toute la hiérarchie des peintres du nord, flamands et hollandais; l'école d'Italie et celle d'Allemagne y sont peu représentées, mais notre école française y compte des ouvrages remarquables, la plupart des contemporains.

Possédant l'estime générale, homme de bien d'abord, M. le vicomte d'Harcourt comptait de nombreux amis auxquels il se plaisait à montrer ses tableaux; homme modeste, il prenait leur avis, et les étrangers étaient l'objet de ses prévenances; ils trouvaient, comme ses compatriotes, un accès facile dans son cabinet : de là suit la réputation qu'il s'est justement acquise comme amateur éclairé et comme amateur utile.

Honoré de la confiance de sa famille, nous avons agi, pour la rédaction de ce catalogue, avec une entière liberté ; elle s'en est rapportée à nous pour la direction de cette vente, avec un abandon duquel nous lui témoignons notre gratitude.

Voulant concilier les intérêts de nos clients avec ceux du public, nous avons essayé d'aider ceux-ci en éclairant ceux-là, et si nous avons pu parvenir à satisfaire les uns et les autres, nous serons heureux d'avoir atteint notre but.

L'école française contient, dans cette collection, des œuvres de Claude Gelée, Boucher, Watteau, Pater, Valin, Chardin, Lantara, Mme Lebrun, Drolling, Debucourt, Largillière, Greuze, Taunay, Demarne, Berré et autres, plus ou moins célèbres, et dans un choix varié.

L'école italienne, celles par et d'après le Giorgion, Salvator Rosa, Lucas Giordano et Pannini.

Les ouvrages flamands sont ceux par et d'après Franck, David Téniers le fils, David Téniers le père, Palamèdes, Charles Breydel, Pietre-Bouts, Peter Néefs, Karel Dujardin, Asselyn, vander Meulen, Jan van Kessel, Jean Miel, Adrien Brauwer, etc.

Enfin, la Hollande y figure dans une proportion plus grande, savoir : Both d'Italie, Jean Stéen, Decker, David de Heém, Houtuysen, Wilhem van Miéris,

Cornelis Dussaert, Everdingen, Aart de Ghelder, Gérard Terburg, Eglon vander Néer, Aart vander Néer, Ludolf-Backhuysen, Wynants, A. Cuyp, J. Ruysdaël, Pietre de Hoog, Jan van Huysuum, Wilhem van Romeyn, N. Berghem, Jean-Baptiste Wéenix, Philippe Wouwermans, Pierre Wouwermans, Thomas Wyck, Berkeyden, J. Linghelback, Jacob Vander Doës, Solemacker, Vander Ulft, Fr. Moucheron, van Bloemen, Dietrich, Horemans, Adam Pynacker, Mommers, Dewries, Ochter Weldt, Zorg, Cuylenborg, C. Polenburg, vander Werf, vander Haghen, et beaucoup d'autres parmi lesquels deux ou trois allemands, tels que Porbus, Elseymer et B. Bréemberg, dont le petit nombre ne motive pas une classification à part.

Nous avons fait précéder la description des tableaux par un ordre de vacations qui sera rigoureusement suivi dans tout son contenu.

Quelques tableaux non catalogués, appartenant à la même collection, seront présentés au commencement de chaque séance qui aura lieu à l'heure très précise indiquée au catalogue et aux annonces.

ORDRE DE VACATION

Du Lundi 31 Janvier 1842.

35 Locatelli.
36 id.
13 D'après Claude Lorrain.
17 Curry.
48 Jean Miel.
54 Francisque Milé.
55 id.
99 Genre de Slingelandt.
122 Genre de Vander Doës.
87 Van Goyen.
63 Loutterbourg.
18 Robert.
2 Leprince.
49 Vander Meulen.
81 Porbus.
1 Vallin.
88 Vander Haghen.
61-62 Charles Breydel.
101-102 Gryef.
40 Salvator Rosa.
6-6 (*bis.*) Lantara.
93 Cuylenborg.
42-43 Pannini.
89 Vander Werf.
47 Craesbeke.
11 Drolling.
50 Van Kessel.
108 Pierre Wouwermans.
125-126 Thomas Wyck.
53 Karel Dujardin.
26 Berré.
51 Asselyn.
94 Ochter Weldt.
79 Franck.
121 Vander Doës.
14 Lancret.
64 Palamèdes.
66 Téniers.
111 Pynacker.
38 L'Albane (d'après).
98 Slingelandt.
16 Chardin.
90 Polenburg.
116 Vander Hulft.
68 Téniers.
123 Van Berghen.
144 A. Cuyp.
45 Steen Wyck.
20 Greuze.
100 Carle de Moor.
57 Pietre Bouts.
84 Molenaer,
137 Wilhem Romeyn.

ORDRE DE VACATION

Du Mardi 1er Février 1842.

134 (bis) Berghem.
82 Neetscher.
146 D'après Hobbema.
37 D'après le Giorgion.
104 Zeémann.
25 Sweback.
29-30 Raymond.
127-128 Thomas Wyck.
85 Van Goyen.
39 Lucas Giordano.
9 Mme Lebrun.
90 Polenburg.
109 Mommers.
58 Omméganck.
96 Dewries.
12 D'après Claude Lorrain.
19 Largillière.
110 Vander Poël.
103 Gryef.
41 Genre de Salvator Rosa.
5 Lépicier.
113 Diétrich.
145 Klomp.
59-60 Breydel.
114 Van Bloemen.
52 Asselyn.
117 Solemacker.
152 Vander Néer.
3 Bourdon.
4 id.
44 Pannini.
7 Roëhn.
86 Van Goyen.
74 Téniers.
124 Berkeyden.
115 Moucheron.
46 Brauwer.
22 Demarne.
70 Téniers.
91 Polenburg.
95 Zorg.
56 Peter Néefs.
67 Téniers.
155 Aart de Ghelder.
129 Metzu.
131 Wéenix.
75 Téniers.
156 Everdingen.
78 Franck.
80 Philippe de Champagne.
157 Dussaert.
69 Téniers.
8 Taunay.
143 Cuyp.
120 Vander Doës.

ORDRE DE VACATION

Du Mercredi 2 Février 1842.

33 Chavannes.
142 D'après Ruysdaël.
162 Dehéem.
170 Bréemberg.
164 Stéen.
31 Janet.
32 Vandael.
10 Debucourt.
137 Wilhem Romeyn.
147 D'après Hobbema.
28 Berré.
153 Genre de vander Néer.
160 Houtuysen.
97 Dewries.
21 Boucher.
27 Berré.
119 Vander Doës.
133 Wéenix.
24 Demarne.
72 Téniers.
92 Polenburg.
136 Wilhem Romeyn.
123 (*bis*) Van Berghen.
118 Vander Doës.
163 Decker.
167 Elseymer.
139 Van Huysum.
169 Bréenberg.
112 Horemans.
71 (*bis*) Téniers.
132 Wéenix.
165 Stéen.
107 Wouwermans.
166 André Both.
148 Wynants.
138 Van Huysum,
150 Vander Néer (Eglon).
159 W, Mieris.
130 Wéenix.
105 Linghelback.
140 Pietre de Hoog.
154 Terburg.
23 Demarne.
106 Ph. Wouwermans.
158 W. Mieris.
134 N. Berghem.
71 Téniers.
141 J. Ruysdael.
149. L. Backhuysen.
65 Téniers.
76 id.
151 Vander Néer.
171-172 Ferg.
161 Victors.
73 Téniers.
83 Barengael.
15 Chardin.

CATALOGUE

D'UNE RICHE COLLECTION

DE TABLEAUX ANCIENS.

ÉCOLE FRANÇAISE.

VALLIN.

1. — Vénus couchée : elle est étendue, endormie sur un lit de repos; l'Amour assis auprès tient la couronne de l'innocence qu'il vient de lui enlever, et deux petits amours dans leurs nuages se réjouissent de sa défaite.

Bois, haut. 34 cent. 1/2, larg 37 cent.

LEPRINCE (XAVIER).

2. — Délicieux petit paysage d'un aspect riant et poétique.

Bois, haut. 16 cent. 1/2, larg. 21 cent.

BOURDON (SÉBASTIEN).

3. — Un jeune Soldat, la tête couverte d'un bonnet rouge, chante, le verre en main, animé par la musique d'un aveugle qu'on voit derrière lui; un paysan et une jeune fille, appuyés sur la table, paraissent l'écouter. Scène bien rendue et charmante d'expression.

Cuivre, haut. 23 cent. 1/2, larg. 30 cent.

LE MÊME.

4. — Repas villageois : le couvert est servi sur un

tonneau autour duquel sont groupés deux hommes et une femme qui allaite son enfant ; celle-ci tient d'une main un verre que remplit l'homme placé à sa droite ; un autre homme qui se chauffe, et un gros chien forment avec les figures dont il a été question, le personnel de la composition. Pendant du précédent.

LÉPICIER

5. — Intérieur de chambre villageoise, dans laquelle on voit la maitresse du logis tricotant un bas devant la croisée ; dans le fond une servante s'occupe à placer diverses choses dans une armoire ; et dans une autre pièce on distingue, à travers de la porte, deux hommes qui se chauffent.

Toile, haut. 27 cent. larg. 33 cent. 1/2.

LANTARA.

6. — Petit paysage dans lequel on découvre une immense étendue de pays. Il est de forme ovale horizontale.

Bois, haut. 18 cent., larg. 24 cent.

6 bis. — Pendant du précédent.

AL. ROEHN.

7. — Deux jeunes filles, couchées dans leur mansarde, sont effrayées de la chute d'un chat dans la cheminée : l'animal en tombant fait un vacarme horrible et renverse un pot placé auprès des chenets ; l'attitude et l'expression des deux demoiselles est empreinte du sentiment vrai de la peur : elles attribuent sans doute à des causes beaucoup plus graves ce qui fait leur effroi. Ce peintre excelle à rendre les scènes de la vie privée.

Toile, haut 53 cent. 1/2, larg. 57 cent.

TAUNAY.

8. — Vue d'un port de la Méditerranée, où une grande activité règne de toutes parts : on y débarque et transporte des marchandises; ici on trafique, ailleurs on radoube des vaisseaux, et plus loin on appareille : c'est la reproduction exacte du mouvement d'un port de commerce, des occupations diverses auxquelles on s'y livre, et, de plus, la couleur et l'atmosphère de ces contrées.

Toile, haut. 50 cent., larg. 62 cent.

LEBRUN (Madame).

9. — Portrait de l'acteur Caillaud : il est vu à mi-corps, vêtu d'un costume de chasse en drap vert, et sa tête est couverte d'un large chapeau gris.

Toile, haut. 91 cent., larg. 72 cent.

DEBUCOURT.

10. — La Paix générale : cette nouvelle provoqua par toute la France une allégresse complète, chaque commune la salua à sa manière par des repas et des danses ; ici c'est l'épisode pris sur le fait dans un village, de l'impression qu'elle fit sur tout le monde, et de la joie empreinte sur chaque figure à la vue du traité qu'apporte le messager du pays. Ce peintre imitateur de Greuze a donné à tous ses airs de têtes la même expression et le même caractère qu'on trouve chez celui-ci.

Bois, haut. 29 cent., larg. 24 cent. 1/2.

DROLLING.

11. — Intérieur d'une famille de paysans dont les deux chefs sont à table : on voit une jeune fille placée à l'extérieur d'une croisée, présentant à une petite fille des pommes que celle-ci reçoit dans son tablier; un petit garçon debout auprès de son père, paraît attendre son tour et sa part dans les générosités dont sa sœur est l'objet; beaucoup d'objets divers ornent la chambre.

Toile, haut. 24 cent. 1/2, larg. 32 cent.

GELÉE (attribué à CLAUDE, dit LE LORRAIN).

12. — Vestiges de monuments au bord de la mer. C'est une étude savante d'harmonie, de vapeur et de dégradation des plans et où l'air circule admirablement.

Toile, hauteur. 40 cent., larg. 27 cent.

LE MÊME (D'après).

13. — Port de mer à effet du soir.

Toile, haut. 64 cent., larg. 84.

LANCRET (JEAN-BAPTISTE).

14. — La partie fine: deux impertinents surprennent les amoureux et les examinent à travers les branchages. Ce sujet, qui n'offre du reste que des attitudes convenables, est une reproduction des nombreuses scènes de la vie de cour de cette époque.

Bois, haut. 19 cent. 1/2, larg. 24 cent. 1/2.

CHARDIN.

15. — Dans un intérieur de ménage, une jeune femme tire de l'eau à une fontaine en cuivre; une autre femme se voit au fond, et de toutes parts des accessoires différents. Ce tableau, d'une réputation bien établie, a été gravé plusieurs fois.

Toile, haut. 50 cent., larg. 43 cent.

LE MÊME.

16. — Une mère, assise devant son devidoir, examine un ouvrage de broderie que lui présente sa petite fille; celle-ci écoute attentivement et les yeux baissés les observations que lui fait sa mère. Joint à l'intérêt qu'offre le naturel de cette jolie scène d'intérieur, on y observe, comme complément, de jolis détails de ménage, et surtout un carlin, le chien classique de l'époque.

Toile, haut. 48 cent., larg. 40 cent.

CURRY.

17. — Vue de la Méditerranée et de l'un des ports de Lavalette (île de Malte). Tableau moderne.

Toile, haut. 48 cent., larg. 65 cent.

ROBERT.

18. — Paysage de forme ronde : une grande étendue de pays, des fabriques, des rivières et des montagnes composent ce joli tableau.

Toile, haut. 67 cent., larg.

LARGILLIÈRE (Nicolas).

19. — Portrait de ce peintre, peint par lui-même : il est vu dans une attitude de méditation, tenant un portefeuille et un crayon, entouré d'attributs de son art. Ce beau portrait, chef-d'œuvre de peinture, tient le haut rang parmi ceux de cet artiste.

Toile, haut. 93 cent., larg. 73 cent.

GREUZE (Jean-Baptiste).

20. — Portrait d'un personnage de la cour de

Louis XV : il porte un habit de cour en velours vert, garni de broderies, sur lequel on remarque les insignes de l'ordre du Lion-de-Portugal, et à son cou, en sautoir, ceux de la Croix-de-Fer.

Toile, haut. 65 cent., larg. 55 cent.

BOUCHER (FRANÇOIS).

21 — Scène pastorale : dans un lieu agréable et frais, garni d'une belle fontaine aux eaux jaillissantes, de vases et d'arbustes, deux jeunes bergers qui viennent de faire de la musique, l'un avec sa musette, l'autre avec son flageolet, attendent le prix du concours ; une jeune et jolie fille debout entre eux et dont la délicieuse tête est garantie du soleil par une ombrelle jaunâtre qu'elle tient ouverte, décerne la couronne à celui qui a joué de la musette; celui-ci la regarde amoureusement, mais l'autre, jaloux de cette faveur, se jette à ses genoux et la serre dans ses bras. Un sujet aussi convenable sous le rapport des attitudes et de la décence dans l'arrangement des costumes, ne redoute pas l'investigation la plus sévère des gens les plus scrupuleux.

Toile, haut. 71 cent., larg. 1 m. 9 cent.

DEMARNE.

22 — Pâturages vus au soleil couchant : les bergers de la vallée amènent leurs bestiaux se désaltérer dans une eau qui coule limpide entre des arbres ; une femme, auprès de sa vache qui boit, paraît écouter un paysan assis qui semble faire une allusion entre elle et une fleur

des champs qu'il tient d'une main. Demarne savait animer toutes les figures d'une expression naïve et convenable aux sujets qu'il a souvent emprunté à la vie champêtre.

Toile, haut. 40 cent., larg. 67 cent.

LE MÊME.

23 — Fête et réjouissances villageoises dans l'intérieur d'un bois : la quantité innombrable de figures qu'on voit de tous côtés indiquent que tous les villages environnants se sont donné rendez-vous en cet endroit ombragé, commode pour la danse. La joie vive est peinte sur tous les visages ; on la partage quand on voit ce groupe compact de danseurs qui vont et viennent, se poussent et s'entraînent ; quand les yeux s'arrêtent sur ce crincrin de campagne qui joue des rigodons assis sur le timon de sa charrette, on oublie la peinture pour assister à la scène naturelle qu'on a devant les yeux. Nous aimons à croire que les amateurs de ce peintre seront satisfaits devant ce beau tableau.

Bois, haut. 45 cent. 1/2, larg. 65 cent. 1/2.

LE MÊME.

24 — Repos d'animaux. Cette jolie composition est un peu restée à l'état d'esquisse.

Bois, haut. 22 cent., larg. 28 cent. 1/2.

SWEBACK (I. J.)

25 — Le dimanche : auprès d'une guinguette sont des gens attablés dans un tête-à-tête intime : leur atti-

tude dénote que le repas touche à sa fin et qu'ils vont se diriger du côté de la danse.

Toile, haut. 27 cent., larg. 37 cent.

BERRÉ (J.).

26 — Vaches et moutons au repos dans une prairie: un calme parfait, un soleil brillant, des animaux savamment étudiés recommandent ce charmant tableau fait à l'inspiration et en souvenir de Paul Potter.

Bois, haut. 23 cent. 1/2, larg. 34 cent.

LE MÊME.

27 — Pâturage de bestiaux : tous les animaux dans la prairie sont provoqués au repos par la chaleur du soleil.

Bois, haut. 36 cent. 1/2, larg. 45 cent.

LE MÊME.

28 — Vue intérieure de la cour d'une ferme animée par des vaches qui boivent à une pompe, des enfants, des chiens et des poules.

Toile, haut. 16 cent. 1/2, larg. 21 cent. 1/2.

RAYMOND.

29 — Paysage de style : c'est un site pris en Italie aux environs de Tivoli ; le peintre y a introduit quelques Albanais, hommes et femmes, qui dansent la saltarelle.

Bois, haut. 32 1/2, larg. 40 cent. 1/2.

LE MÊME.

30 — Pendant du précédent ; il offre le même intérêt.

JANET, dit CLOUET.

31 — Petit portrait du roi Charles IX, costumé de noir ; sa tête est couverte d'une toque de même couleur, et son cou est entouré d'une collerette gaufrée ; la barbe est courte et la moustache relevée.

Bois, haut. 13 cent. 1/2, larg. 12 cent.

VANDAEL.

32 — Riche vase de fleurs de toutes les espèces du plus beau coloris et du plus bel arrangement : de beaux bas-reliefs d'amours entourent ce vase.

Toile, haut., 60 cent., larg. 47 cent.

CHAVANNES (pierre domachin de)

33 — Paysage vigoureux de composition italienne ; il est animé de jolies figures.

Toile, haut. 33 cent., larg. 48 cent.

ÉCOLE ITALIENNE.

LOCATELLI.

35 — Paysage capital du style le plus grand et d'une admirable composition : la richesse de l'ensemble, la beauté de chaque partie, qui toutes sont grandioses, en font une œuvre hors ligne.

Toile, haut. 1 m. 22 cent., larg. 1 m. 70 cent.

LE MÊME.

36 — Autre petit paysage d'un bel aspect.

Toile, haut. 34 cent. 1/2, larg. 43 cent.

BARBARELLI (GIORGIO, DIT LE GIORGION, d'après).

37 — Hérodiade tenant la tête de saint Jean-Baptiste dans un plat d'or : elle est vue à mi-corps, la tête tournée en arrière comme parlant à une suivante placée derrière elle.

Toile, haut. 91, cent., larg. 73 cent.

ALBANO (D'après FRANCESCO).

38 — Épisode de la fuite en Egypte : la sainte famille au repos est entourée par les anges du ciel qui lui offrent des fruites et des fleurs. Cette belle copie est faite à l'époque et dans l'école de l'Albane.

Toile, haut. 73 cent., larg. 95 cent.

LUCAS GIORDANO.

39 — Herminie chez les Pâtres, composition vigourose et pleine d'effet.

Toile, haut. 71 cent., larg. 90.

ROSA (SALVATOR).

40 — Un anachorète en prière : il est à genoux, les mains jointes et lève les yeux au ciel. C'est un échantillon admirable de ce grand génie.

Toile, haut. 48 cent., larg. 32 cent. 1/2.

GENRE DU MÊME.

41 — Bataille sanglante, assaut et prise d'un plateau élevé sur des rochers à pic.

Toile, haut. 70 cent., larg. 1 m. 32. cent.

PANNINI (JEAN-PAUL).

42 — Vue intérieure d'un monument en ruines et

fragments divers d'architecture, sur lesquels sont groupées des figures qui causent entre elles.

Toile, haut. 62 cent., larg. 47 cent.

LE MÊME.

43 — Ruines d'un temple, débris d'ornements et bas-reliefs; à droite, une fontaine surmontée par un lion jetant de l'eau, et auprès de laquelle sont des femmes qui causent avec un homme placé debout sur un tertre.

Pendant du précédent.

Toile, haut, 62 cent., larg. 47 cent.

LE MÊME.

44 — Vue du Panthéon ou Rotonde, situé au centre de Rome. Ici le peintre a réuni différents monuments et s'est permis une licence de composition, parce qu'il fallait bien, pour arriver à un arrangement convenable, exclure toutes les fabriques informes qui entourent ce beau monument de l'antiquité dans la ville de Rome.

Toile, haut. 75 cent., larg. 75 cent.

ÉCOLE FLAMANDE.

STEENWYCK (HENRY).

45 — Intérieur d'église : vue perspective d'une grande profondeur ; l'effet tranquille de la lumière qui glisse sur les dalles donne à ce tableau un aspect tout religieux; un assez grand nombre de figures qui assistent à la prière du soir vont et viennent.

Bois, haut. 41 cent. 1/2, larg. 60 cent.

BRAUWER (ADRIEN).

46 — Un ivrogne, assis, faisant face au public, chante de toute la force de ses poumons une romance hollandaise ; sa figure bachique et enluminée indique suffisamment l'état dans lequel il se trouve ; du reste, les trois marques à la craie, faites sur la table, démontrent qu'il a déjà absorbé trois énormes cruches pareilles à celle qu'il tient à la main, et le font supposer dans un état plus que jovial ; dans le fond, un autre ivrogne contemple la muraille. Il n'est pas possible de trouver rien de plus joli et de plus expressif que ce tableau.

Bois, haut. 17 cent. 1/2, larg. 14 cent.

CRAESBEEKE (JOSEPH VAN).

47 — Par l'ouverture d'une croisée rustique trois hommes à figures ébahies paraissent regarder à l'extérieur une scène qui se passe dans la rue : l'intérêt principal d'un semblable sujet est celui qu'offre l'expression vraie de la nature prise sur le fait.

Bois, haut. 22 cent., larg. 17 cent. 1/2.

MIEL (JEAN).

48 — Au pied d'une muraille un savetier est occupé à raccommoder des chaussures que divers hommes attendent ; plus loin, d'autres hommes accroupis dans un coin font la partie.

Toile, haut. 41 cent., larg. 50 cent.

VANDER MEULEN (ANTOINE-FRANÇOIS).

49 — Escarmouche de cavalerie, attaque et rencontre à la sortie d'un bois. Cet échantillon précieux de

vander Meulen provient de la célèbre collection Blondel de Gagny.

Bois, haut. 22 cent., larg. 31 cent. 1/2.

KESSEL (JAN VAN, 1675).

50 — Réunion d'oiseaux vivants aux plumages riches et variés. Tableau très capital dans ce genre.

Toile, haut. 47 cent., larg. 67 cent.

ASSELYN (JEAN).

51 — Beau paysage, site d'Italie : vue prise aux environs de Rome, dans laquelle le peintre, qui excellait à peindre la figure, a introduit un repos de chasse. Les deux principaux personnages, homme et femme, sont assis sur le devant du tableau et font leur collation.

Bois, haut. 40 cent., larg. 45 cent.

LE MÊME.

52 — Paysage d'un aspect italique, à plans interrompus par des lignes d'arbres surmontés d'une ancienne tour recouverte d'un toit : c'est le reste d'un château fort ; à gauche, une haute muraille garnie de végétation, et la réunion de très belles figures concourent à en faire un tableau du premier mérite.

Bois, haut. 60 cent. 1/2, larg. 44 cent.

DUJARDIN (KAREL).

53 — Dans un lieu abrité par un rocher formant grotte, plusieurs femmes, au costume romain, lavent du linge dans un ruisseau ; une autre, plus rapprochée du spectateur, baigne ses jambes ; auprès d'elle sont un homme et une femme qui causent ; l'ouverture du

rocher laisse apercevoir des fabriques italiennes aux lignes simples et élégantes. La couleur vigoureuse du tableau indique l'empire qu'exerçait sur Karel Dujardin la forte peinture qu'il avait alors devant les yeux, vivant à Rome au même temps que le Caravage, le Valentin, Manfredi et Jean Miel.

Bois, haut. 41 cent., larg. 34 cent.

MILÉ (FRANCISQUE).

54 — Paysage dans le style et à l'imitation de Gaspre Poussin. Une couleur puissante joint à un savant arrangement le classent parmi les bons ouvrages de ce peintre.

Toile, haut. 45 cent. 1/2, larg. 55 cent 1/2.

LE MÊME.

55 — Autre paysage, de même style, avec de fort belles figures.

Toile, haut. 58 cent., larg. 84 cent.

PEETER NEEFS.

56 — Vue intérieure de cathédrale; un effet piquant de lumière est produit par la seule flamme d'une torche que tient un valet précédant deux personnages qui marchent sur les dalles ; on remarquera la dégradation insensible de la clarté, qui va se perdre presque entièrement sous les voûtes élevées de cette église. Nous ferons mention de la qualité de ce tableau, de la pureté de sa conservation : l'une et l'autre sont irréprochables.

Bois, haut. 24 cent., larg. 31 cent. 1/2.

BOUTS (PIETRE).

57. — Une jeune femme se baigne les pieds dans un

ruisseau en gardant ses vaches ; derrière elle un paysan vu debout fait manger des herbes à une chèvre. Ce paysage est clair et d'une touche hardie ; il dénote une grande habileté de pinceau.

Toile, haut. 41 cent. 1/2, larg. 34 cent.

OMMEGANCK (1789).

58 — Echantillon de ce peintre représentant une prairie, éclairée fortement par le soleil ; deux vaches couchées et autres petites figures s'y remarquent.

Bois, haut. 22 cent., larg. 24 cent. 1/2.

BREYDEL (CHARLES, DIT LE CHEVALIER).

59 — Choc de cavalerie : l'affaire paraît sérieusement engagée sur toute la ligne à en juger par la fumée qui s'élève en nuages épais de toutes parts : l'artillerie surtout paraît vivement occupée.

Toile, haut. 40 cent., larg. 58 cent.

LE MÊME.

60 — Pillage et sac d'un village : des paysans armés de faux, de fourches et de fléaux, repoussent vigoureusement des soldats qui saccagent le pays.

Bois, haut. 16 cent. 1/2, larg. 25 cent.

LE MÊME.

61 — Combat entre les Allemands et les Turcs, poursuite et déroute, charges de cavalerie.

Bois, haut. 16 cent. 1/2, larg. 22 cent. 1/2.

LE MÊME.

62 — Autre escarmouche dans le même genre. Ce tableau fait pendant au précédent.

LOUTTERBOURG.

63 — Le retour des troupeaux : des bergers descendant la montagne le soir, chassent devant eux leurs troupeaux; il règne un sentiment parfait de tranquillité qui indique bien l'heure du jour.

Toile, haut. 38 cent. 1/2, larg. 53 cent. 1/2.

PALAMÈDES.

64 — Action vigoureuse de cavaliers qui se heurtent de toutes parts ; au milieu du carnage se distingue un trompette qui sonne la charge pour animer les combattans.

Bois, haut. 40 cent., larg. 60 cent.

TENIERS (DAVID, le fils).

65 — Dans un estaminet, deux Flamands font la partie de trictrac, un troisième juge les coups, la canette en main; deux autres individus, placés devant le foyer, s'entretiennent, absorbés par la politique. Ces sujets de Téniers, qui font fortune aujourd'hui, deviennent rares tous les jours; les prix qu'on les paie le démontrent ; ils sont en ce moment dans la faveur la plus marquée; nous espérons que celui-ci recevra l'accueil qu'il mérite.

Bois, haut. 32 cent., larg. 25 cent.

LE MÊME.

66 — Grand mouvement d'hommes et de chevaux, de mulets chargés prêts à partir : c'est le matin à l'aube du jour, comme l'indique le ton du tableau, encore privé de soleil; cette réunion paraît désigner la marche d'un corps d'armée, ou du moins d'un convoi et de son es-

corte, d'après le groupe de trompettes et timbaliers qui sonnent des fanfares.

Toile, haut. 59 cent., larg. 84 cent.

LE MÊME

67 — Portrait de la femme du peintre : elle est vue en buste de grandeur naturelle, son costume est composé d'une robe noire en étoffe de soie, et une collerette garnie de dentelles et broderies lui entoure le cou ; un éventail fermé est placé dans sa main droite.

Toile, haut. 69 cent., larg. 60 cent.

LE MÊME.

68 — Madeleine en mortification : la sainte est en prières devant un livre, dans un lieu abrité indiquant une grotte. Dans ce tableau, le peintre a voulu pasticher le genre de van Balen.

Cuivre, haut. 34 cent., larg. 28 cent.

LE MÊME.

69 — Champ de bataille après l'action : deux chefs, montés sur leurs chevaux, ordonnent les secours aux blessés et la sépulture aux morts. Ce sujet, peint dans un ton clair, est d'une qualité exquise.

Bois, haut. 27 cent., larg. 37 cent.

LE MÊME.

70 — Tentation de saint Antoine : tous les démons aux figures bizarres, aux accoutrements grottesques, soufflent le péché au pauvre saint, qui tient bon devant l'image du Christ ; un diable, vêtu en seigneur, lui présente un de ses camarades sous l'apparence d'une femme ;

chacun fait son office dans cette scène infernale : les gestes, les hurlements, les grimaces, tout est mis en usage pour séduire le saint homme qui, selon l'histoire, a eu la gloire de résister. La composition que nous décrivons est capitale, elle contient près de quarante figures aussi comiques qu'elles sont spirituellement touchées.

Bois, haut. 47 cent. 1/2, larg. 60 cent. 1/2.

LE MÊME.

71 — L'Enfant prodigue à table, en compagnie d'un jeune cavalier et de deux femmes, fait bombance, rit et chante pour passer le temps ; deux jeunes valets servent le dîner; son pourpoint rouge et son épée sont jetés négligemment sur une chaise ; auprès de vases d'argent posés à terre, on voit sur le parquet un jeu de cartes éparses. La qualité supérieure de ce tableau le rend digne de figurer dans les plus riches cabinets.

Bois, haut. 35 cent. 1/2, larg. 55 cent. 1/2.

LE MÊME.

71 bis. — Trois fumeurs sont attablés à la porte d'un estaminet, et se procurent le délassement de la pipe ; un d'eux s'étend nonchalament et regarde la fumée qu'il fait sortir doucement de sa bouche ; une vieille femme paraît, tenant en main un plat et une canette. Quoique dans un genre différent, ce sujet saura intéresser beaucoup, il trouvera également sympathie et concurrence.

Bois, haut. 20 cent. 1/2, larg. 29 cent. 1/2.

LE MÊME.

72 — Fête villageoise, kermesse flamande. Ce ta-

bleau capital, connu et gravé par divers auteurs, provient de la célèbre collection de M. le duc de Choiseul-Praslin; il est d'une importance telle qu'on peut le considérer comme un des plus beaux de ce peintre : l'on n'y compte pas moins de deux cents figures, qui toutes se réjouissent. Malgré un accident arrivé au vaisseau sur lequel se trouvait ce beau tableau dans la traversée d'Angleterre, et dont il s'est un peu ressenti, M. le vicomte d'Harcourt l'a payé un grand prix.

Toile, haut. 58 cent., larg. 78 cent.

LE MÊME.

73 — Petit paysage flamand, dans lequel on voit quelques bons hommes spirituellement touchés.

Bois, haut. 19 cent., larg. 24 cent. 1/2.

LE MÊME.

74 — Un buveur contemple attentivement le contenu de son verre : un autre, placé derrière lui et tenant une cruche en grès, l'examine. Étude habile et remarquable.

Bois, haut. 22 cent. 1/2, larg. 16 cent. 1/2.

LE MÊME.

75 — Parade de singes : des singes, en différents costumes, exécutent une parade comique; montés sur des tréteaux qui supportent une espèce de théâtre en plein vent. L'expression de chaque figure, de chaque grimace, donne à chaque acteur un caractère particulier.

Cuivre, haut. 25 cent., larg. 34 cent.

LE MÊME.

76 — Kermesse flamande : réunion joyeuse de bons

hommes attablés auprès de la porte d'une tabagie ; sur le devant, un ivrogne est endormi auprès d'un tonneau de bière, et dans le fond on distingue beaucoup de gens qui dansent. Les nombreux admirateurs de Téniers seront satisfaits de ce tableau, qui réunit toutes les conditions voulues.

Bois, haut. 19 cent., larg. 25 cent. 1/2.

TENIERS (DAVID, le père).

77 — Paysage agreste, dans lequel sont des chasseurs et leurs chiens.

Toile, haut. 61 cent., larg. 77 cent.

FRANCK (FRANÇOIS).

78 — Le roi Salomon et la reine de Sabba : composition toute vénitienne et d'un coloris aussi vigoureux que brillant. L'habileté de ce peintre le rendait propre à pastichers toutes les écoles, même celles qui étaient les plus opposées à sa manière, à son talent : ce beau tableau en est la preuve.

Bois, haut. 21 cent., larg. 30 cent.

LE MÊME.

79 — Triomphe d'Amphitrite : la déesse est conduite et escortée triomphalement par toute la hiérarchie des mers; elle est placée à côté de Neptune. Le cortége marin se dirige vers la rive opposée, où est préparé le banquet des dieux ; des naïades, des tritons, des chevaux et des monstres, des poissons et des amphibies de toutes sortes, agitent les eaux. Rien ne surpasse la finesse et l'esprit de ce tableau.

Cuivre, haut. 28 cent. 1/2, larg. 36 cent.

PHILIPPE DE CHAMPAGNE.

80 — Portrait d'homme, vêtu de noir, dans le costume de l'époque. Le caractère noble de la tête, la beauté des mains, font de ce portrait un monument de perfection.

Toile, haut. 89 cent., larg. 71 cent.

ÉCOLE HOLLANDAISE.

PORBUS (FRANÇOIS).

81 — Portrait d'homme vêtu de noir ; il est vu de trois quarts et porte mouche et moustaches : la forme est ovale.

Bois, haut. 21 cent. 1/2, larg. 16 cent.

NEETSCHER (GASPARD).

82 — Portrait d'une dame de qualité dans le costume du temps.

Toile, haut. 92 cent., larg. 73 cent.

BARENGAEL.

83 — Foire de village : la composition représente une longue file de maisons rustiques devant laquelle sont instalés des marchands, baladins et bateleurs, entourés de groupes nombreux de paysans. Nous réclamons sur ce joli tableau l'attention du public.

Toile, haut. 64 cent. 1/2, larg. 84 cent. 1/2.

MOLENAER (KLAÈS).

84 — Vue d'une plage où sont assemblés beaucoup de paysans hollandais qui font le commerce du poisson. Cette scène animée est intéressante sous les diverses conditions de la peinture.

Bois, haut. 61 cent., larg. 88 cent.

GOYEN (JEAN VAN).

85 — Plaine d'une grande étendue interrompue au milieu par un moulin à vent. Selon la manière de peindre de cet artiste, l'effet est rendu complet, et à peu de frais il savait intéresser avec la composition la plus simple et en tirer un grand parti.

Bois, haut. 40 cent. 1/2, larg. 61 cent.

LE MÊME.

86 — Vue des lagunes que forme l'Escaut en certaines localités de la Hollande. Cette composition toute simple est formée de quelques bateaux pêcheurs, de diverses figures et surtout d'un ciel dont les nuages sont parfaitement en mouvement.

Bois, haut. 26 cent., larg. 23 cent.

LE MÊME.

87 — Maisons rustiques longeant un terrain accidenté, vivement éclairé par le soleil.

Bois, haut, 30 cent., larg. 49 cent.

HAGHEN (VANDER).

88 — Entrée de forêt : l'effet reproduit est celui du soir au moment où le soleil va se cacher derrière les montagnes; la projection alongée des ombres indique

une heure avancée de la journée. On ne peut rien voir de plus vrai et de plus piquant que ce joli paysage : l'observateur le plus rigoureux des effets de la nature doit en être satisfait.

Bois, haut. 27 cent., larg. 47 cent.

WERF (ADRIEN VANDER, dit le CHEVALIER).

89 — Jeune femme vue debout à mi-corps : elle est placée derrière un bloc de pierre sur lequel est un vase qu'elle contemple. Ce joli tableau offre encore beaucoup d'attraits aux amateurs de cette agréable peinture.

Bois, haut. 23 cent., larg. 18 cent.

POLENBURG (CORNILLE).

90 — Le Jugement de Pâris : l'Amour est joyeux du triomphe de Vénus, à laquelle Pâris donne la pomme d'or. Les deux déesses, Pallas et Junon, sont confuses et courroucées de ce choix. Dans des tableaux de ce genre l'exécution est le côté auquel on doit s'arrêter de préférence ; le style et le génie y sont des conditions secondaires, mais il est vrai que sous le premier de ces rapports ce tableau est délicieux.

Bois, haut. 32 cent., larg. 26 cent.

LE MÊME.

91 — Femmes sortant du bain et se réfugiant sous une grotte. Ce sujet gracieux réunit la clarté à la finesse et la transparence.

Bois, haut. 18 cent., larg. 25 cent.

LE MÊME.

92 — Diane, entourée de ses nymphes, est surprise par Actéon qu'elle change en cerf: dans l'éloignement on aperçoit celui-ci qui fuit poursuivi par ses chiens : tout dans ce tableau est fin et joli ; le paysage est aussi parfait que les figures.

Bois, haut., 26 cent., larg. 35 cent.

CUYLENBORG.

93 — Vue intérieure d'une grotte où se remarquent des vestiges d'architecture, tels que statues, colonnes brisées, ornements divers et bas-reliefs d'une belle exécution : l'ouverture de la grotte laisse voir un joli fond de paysage.

Toile, haut., 69 cent., larg. 67 cent.

OCHTER WELDT.

94 — Un jeune cavalier, un peu enluminé par les fumées de la table, poursuit jusque sur un balcon une servante qui verse dans la rue de l'eau contenue dans un vase : il est difficile d'expliquer autrement un sujet pareil, qui du reste est sans conséquence.

Toile, haut. 32 cent. 1/2, larg. 25 cent. 1/2.

ZORG (HENRY).

95 — Marché au Poisson au bord de la mer : sur la plage divers personnages sont occupés au commerce du poisson, d'autres causent, vont et viennent ; le ton local est chaud et transparent.

Bois, haut. 34 cent., larg. 43 cent.

DEWRIES (REYNIER).

96 — Petit et joli paysage composé de fabriques pittoresques au bord de l'eau.

Bois, haut. 20 cent. 1/2, larg. 25 cent.

LE MÊME.

97 — Baraques hollandaises entourées d'arbres et de sureaux : elles sont baignées par les eaux d'une rivière et auprès sont de jolies figures.

Bois, haut. 40 cent., larg. 34 cent.

SLINGELANDT (JEAN-PIERRE).

98 — Jeune femme hollandaise vue assise et le bras gauche appuyé.

Bois, haut. 12 cent. 1/2, larg. 10 cent. 1/2.

GENRE DU MÊME.

99 — Dans sa cuisine, une vieille femme, portant lunettes et assise auprès du feu, épluche des choux-fleurs ; elle est entourée d'accessoires divers.

Toile, haut. 38 cent., larg. 29 cent. 1/2.

MOOR (CARLE DE).

100 — Une jeune et belle femme, couverte de riches vêtemens, est vue assise auprès d'une table sur laquelle elle est appuyée : son attitude, qui indique la réflexion, porte à croire que c'est le portrait d'une femme savante de l'époque, occupée à composer : le pupitre qui est devant elle, la plume qu'elle tient d'une main, motivent assez cette réflexion.

Cuivre, haut. 15 cent. 1/2, larg. 11 cent. 1/2.

GRYEF (A.).

101 — Gibier et oiseaux suspendus à un tronc; le chasseur est assis près de là, ses chiens couchés à ses côtés.

Bois, haut. 19 cent. 1/2, larg. 25 cent. 1/2.

LE MÊME.

102 — Pendant du précédent : le sujet est analogue.

LE MÊME.

103 — Oiseaux morts et accessoires de chasse : tableau fin et de belle qualité.

Bois, haut. 39 cent., larg. 30 cent. 1/2.

ZEEMANN.

104 — Vue générale de la ville de Dordrecht baignée par les eaux de la Meuse : plusieurs vaisseaux se remarquent portant les couleurs de la Hollande.

Toile, haut. 69 cent., larg. 1 mèt. 29 cent.

LINGHELBACH (JEAN).

105 — Vue d'un port de mer, probablement celui de Naples : le mouvement qui y règne dénote une grande activité dans la marine ; c'est l'heure du repos des travailleurs, car on voit des faquins, des galériens et matelots assis sur la terre et causant entre eux; d'autres personnages, bourgeois, arméniens et marchands sont mêlés à ces groupes : à gauche sont des bâteaux en chargement et des galères ; à droite l'arsenal, et plus près un grand mur au bas duquel est une fontaine où un nègre se désaltère ; enfin des barques nombreuses et des voiles couvrent la mer dont l'horizon est sans fin. Ce tableau,

un des plus capitaux de ce peintre, est d'une conservation égale à sa qualité.

Toile, haut. 81 cent., larg. 1 mèt. 7 cent.

WOUWERMANS (PHILIPPE).

106 — Un chasseur, accompagné d'une dame, l'un et l'autre à cheval, et suivis de leurs chiens, sont arrêtés au bord d'une rivière, contemplant des pêcheurs qui retirent leurs filets; un jeune garçon, debout près de son chien qu'il tient par le collier, paraît répondre aux renseignements que lui demande le cavalier. On voit assise auprès d'eux la femme d'un pêcheur tenant son enfant entre ses bras. La qualité est en rapport avec le choix du sujet. Ce tableau est de forme ovale horizontale.

Bois, haut. 23 cent., larg. 30 cent. 1/2.

LE MÊME.

107 — Auprès d'une maison couverte de chaume, un cavalier, descendu de cheval, examine sa monture qui boit dans un seau que lui tient un autre homme. Cette savante étude est un morceau parfait de vérité et d'illusion; elle satisfait complètement sous le rapport de la couleur et sous celui du pinceau; un ciel fin et d'épais nuages font ressortir par leur vigueur ce joli groupe et le détachent brillant.

Toile, haut. 37 cent. 1/2, larg. 29 cent. 1/2.

WOUWERMANS (PIERRE).

108 — Cavalier descendu de cheval et arrangeant sa botte; plus loin un autre cavalier monté se dirige du côté d'une rivière pour y faire boire son cheval.

Bois, haut. 40 cent., larg. 31 cent.

MOMMERS.

109 — Marché au près d'une ville d'Italie : cinq figures au premier plan ; beaucoup d'accessoires en légumes, volailles, etc., un paysage riche et varié, forment la composition de ce tableau.

Bois, haut. 45 cent., larg. 53 cent.

POEL (VANDER).

110 — Basse-cour d'une ferme baignée par une mare, dans laquelle on voit une femme qui donne à manger à ses canards. C'est un échantillon de jolie qualité.

Bois, haut. 36 cent., larg. 31 cent.

PYNACKER (ADAM).

111 — Paysage italique, d'un ton chaud et vaporeux : une rivière tranquille et transparente baigne le pied d'une ferme de certaine apparence et en reflette les murs ; un bac chargé de six figures traverse lentement et forme peu d'ondulations sur les eaux ; enfin au bas du tertre sur lequel est située la ferme, un homme fait boire deux chevaux. Quoique ce beau tableau tienne beaucoup du talent de Jean Both, la façon dont certaines parties sont éclairées n'appartient qu'à Pynacker ; la touche moins anguleuse et un ton local plus doux, sont, avec une signature irrécusable, les preuves évidentes de son origine.

Bois, haut. 47 cent., larg. 66 cent.

HOREMANS.

112 — La femme en couche : ce sujet, comique par l'action et l'expression de chaque personnage, provo-

que le rire, à commencer par la physionomie de l'accouchée, toute stupéfaite d'avoir mis au monde deux jumeaux ; celles des parents, des voisins, du curé assis auprès du lit de douleur, et surtout celle du mari qui se gratte l'oreille, peu satisfait de la fécondité de sa femme : pour achever le grotesque de cette scène, et comme complément, le peintre y a ajouté un chien léchant une cuiller qui a servi à faire la bouillie.

Toile, haut. 49 cent., larg. 59 cent.

DIETRICH (CHRISTIAN WILHEM).

113 — Une vieille femme de village se fait dire la bonne aventure par une bohémienne, dont toute la famille est entassée pêle-mêle sur la paille, dans une chambre, plus que rustique, dégarnie de toute espèce d'ameublement. Nous faisons mention de la qualité de ce joli et spirituel tableau.

Bois, haut. 28 cent., larg. 36 cent. 1/2

BLOEMEN (PIETRE VAN).

114 — Chevaux conduits à l'abreuvoir : cet imitateur de Wouwermans est parfois d'un mérite signalé. Le tableau qui fait l'objet de cet article, est un échantillon admirable.

Bois, haut. 25 cent., larg. 27 cent. 1/2.

MOUCHERON (FRÉDÉRIC).

115 — Paysage d'un ton qui indique le soir : on y voit des animaux nombreux qui traversent un ruisseau et rentrent à l'étable. Moucheron a conservé dans les arts la même faveur qu'autrefois : c'est parce que son genre de talent porte avec lui un caractère de sagesse et d'égalité qu'on trouve à toutes ses œuvres. Ce tableau délicieux mérite de fixer l'attention.

Bois, haut. 29 cent, 1/2, larg. 24 cent.

ULFT (JACQUES VANDER)

116 — Marche d'armée : une longue file de troupes, dans laquelle on remarque de l'artillerie et des prolonges, suit un chemin creux ; non loin de là on voit une maison carrée, d'architecture élégante, entourée de soldats ; plus loin des monuments divers indiquent une ville de certain ordre, vers laquelle paraissent se diriger ces corps de troupes et font croire aux préparatifs d'un siége.

Bois, haut. 32 cent., larg. 27 cent.

SOLEMACKER.

117 — Animaux au repos, gardés par un jeune pâtre. On trouve dans ce tableau une grande analogie avec le talent de Berghem, une grande fermeté dans la touche, et une grande netteté dans les détails.

Bois, haut. 24 cent., larg. 30 cent.

DOES (JACOB VANDER).

118 — Les ouvrages de vander Does, on le sait, sont classés parmi ceux d'un ordre secondaire ; quelquefois cependant il s'est élevé au premier rang ; mais ne s'y est pas toujours maintenu : cela tient sans doute au ton de tristesse empreint sur beaucoup de ses tableaux. Dans celui-ci, il est brillant, ferme et savant, beau comme Vandevelde, et de l'effet le plus heureux : trois vaches,

cinq moutons, un cheval et deux figures accessoires en forment la composition.

Toile, haut. 54 cent., larg. 49 cent.

LE MÊME

119 — Dans un paysage d'un ton tranquille, d'un arrangement simple et bien ordonné, des chèvres et des moutons se reposent à l'ombre; d'autres arrivent du fond, conduits par leurs bergers: au premier plan, un enfant anime un bélier contre un bouc, et les provoque au combat. C'est encore un tableau d'une qualité rare et pour lequel nous réclamons l'attention du connaisseur.

Toile, haut. 35 cent 1/2, larg. 43 cent.

LE MÊME.

120 — Animaux au repos : plusieurs moutons, un veau, une brebis et un agneau qui téte, sont groupés sur le premier plan. On admire dans les ouvrages de ce peintre, dont tous les sujets sont à peu près les mêmes, la variété de l'arrangement, et surtout le ton local, doux et tranquille.

Bois, haut. 42 cent. 1/2, larg. 34 cent.

LE MÊME.

121 — Scène de départ qui paraît indiquer celui de Laban : on est fondé à le penser en voyant cette réunion d'animaux, tels que chameaux, mulets, etc., que charge un esclave; toutes les parties de ce tableau sont soignées et révèlent un grand talent.

Bois, haut. 53 cent., larg. 45 cent. 1/2.

GENRE DU MÊME.

122 — Animaux reposés sur la pente d'un vallon.

Bois, haut. 27 cent. 1/2, larg, 34 cent.

BERGHEN (THIERRY VAN).

123 — Paysage sur le devant duquel sont deux vaches, un mouton et un cheval au repos : l'effet remarquable distribué avec art sur les animaux, la touche large et savante avec laquelle ils sont peints, mettent ce tableau presque au niveau d'Adrien Vandevelde.

Bois, haut. 24 cent, larg. 32 cent.

LE MÊME.

123 bis. — Auprès d'une métairie, divers animaux sont en repos : on y remarque deux chevaux, quatre vaches, deux moutons et des agneaux.

Toile, haut. 27 cent. 1/2, larg. 37 cent. 1/2.

BERKHEYDEN (GERRIT).

124 — Vue intérieure d'une ville de Hollande et d'un canal qui baigne le pied de maisons seigneuriales : deux cavaliers montés, partant pour la chasse, enrichissent les devants ; ils sont suivis par un valet portant des faucons. La distribution ménagée de la lumière et la sage projection des ombres produisent un effet naturel et vrai.

Bois, haut. 40 cent. 1/2, larg 48 cent.

WYCK (THOMAS).

125 — Intérieur d'un cabinet de chimiste, capharnaum d'un savant dans lequel sont entamés pêle-mêle des alambics, des livres de toutes sortes et vingt autres espèces d'objets d'études ; dans le fond et dans la partie la plus obscure on voit le chimiste absorbé dans ses recherches.

Bois, haut. 40 cent., larg. 34 cent.

LE MÊME.

126 — Autre intérieur de savant, où l'on remarque aussi un grand nombre d'utensiles de science. Il n'est, sous aucun rapport, inférieur au précédent, dont il fait pendant.

Toile, haut. 40 cent., larg. 34 cent.

LE MÊME.

127 — Laboratoire de chimiste occupé à faire des expériences : il est environné de livres, mappemonde, alambics et d'autres objets.

Bois, haut. 23 cent., larg. 19 cent.

LE MÊME.

128 — Même sujet. Pendant du précédent.

Bois, haut. 23 cent., larg. 19 cent.

METZU (GABRIEL).

129 — Jeune femme assise devant une croisée et travaillant à un ouvrage d'aiguille : elle est vue de profil regardant son ouvrage ; son costume, composé d'un surtout de couleur grise, bordé de fourrure blanche, recouvre une jupe d'un ton foncé, enfin sa tête est couverte d'un petit bonnet.

Bois, haut. 21 cent. 1/2, larg. 17 cent. 1/2.

WEENIX (JEAN-BAPTISTE).

130 — L'Enfant prodigue : absorbé par les plaisirs, tout entier à eux, l'enfant prodigue, en compagnie de bambocheurs et de courtisanes, mène joyeuse vie ; il est vu de face élevant son verre, dont il admire le contenu ; sa physonomie annonce l'ivresse, et tout son maintien y fait croire ; ses hôtes, de leur côté, mettent le temps à profit : l'un mange, l'autre fume, un autre s'amuse à tirer quelques oiseaux qui passent, et effraie par son coup de feu une servante qui est auprès de lui ; un beau chien épagneul que tient dans ses bras une petite fille, montre les dents à un autre enfant qui lui fait des gestes. Ce tableau supérieur, cité par Descamps, faisait autrefois partie du cabinet renommé de M. David Amori, à Amsterdam.

Bois, haut. 59 cent., larg. 67 cent. 1/2.

LE MÊME.

131 — Gibier mort, fleurs d'espèces variées, fond de paysage où l'on découvre une demeure seigneuriale. Ce peintre, qui excellait en ce genre, s'est surpassé dans ce tableau dont toutes les parties considérées ensemble ou séparement sont le complément du beau idéal.

Toile, haut. 1 m. 4 cent., larg. 93 cent.

LE MÊME.

132 — Etude admirable de deux paons reposés sur un tertre : l'un se détache d'un ton vigoureux et brillant, et l'autre plus accessoire est confondu dans l'obscurité de la droite du tableau.

Toile, haut. 64 cent., larg. 53 cent.

HAMILTON.

133 — Lièvre suspendu par la patte à une branche d'arbre dans l'intérieur d'une forêt : un carnier, un fusil et des poires à poudre sont déposés auprès. Cet admirable petit tableau est d'une finesse rare : toutes ses parties sont de la même perfection.

Cuivre, haut. 30 cent., larg. 24 cent.

BERGHEM (NICOLAS).

134 — Bergers, animaux et chiens au repos près d'une fontaine dans un lieu tranquille, frais et ombragé. La vue est promptement bornée par des terrains élevés, surmontés d'arbres, plantes et arbustes qui encadrent et couronnent les figures, avec des combinaisons aussi simples, on eût dit que la vie des champs et les habitudes rustiques absorbaient seules toutes les facultés de Berghem, mais on sait que cet artiste était familier avec les genres les plus opposés à celui-ci et que ce ne fut que la suite d'une prédilection qui l'a fait s'y consacrer.

La composition de ce tableau charmant comporte en figures, deux pâtres, cinq moutons, deux vaches et deux chiens du plus beau faire et de sa manière la plus estimée; enfin nous mentionnerons qu'il provient de la collection de l'Elysée dont il faisait encore partie à l'époque de la vente.

Bois, haut. 29 cent., larg. 37 cent.

LE MÊME.

134 bis. — Têtes de brebis dans diverses poses. Cette étude est gravée dans l'œuvre de ce maître.

Bois, haut. 28 cent., larg. 24 cent.

ROMEYN (WILHEM VAN).

135 — Repos d'animaux sur un terrain inégal; le pâtre est couché auprès de son chien, sur le devant du tableau.

Toile, haut. 44 cent., larg. 41 cent. 1/2.

LE MÊME.

136 — Autre repos d'animaux, petit sujet admirablement rendu.

Bois, haut. 13 cent., larg. 17 cent. 1/2.

LE MÊME.

137 — Repos de bestiaux dans un pâturage : auprès de son troupeau, un pâtre couché écoute la lecture d'une lettre que lui fait sa femme. On retrouve dans diverses parties de ce tableau les qualités de la puissante école de Kuyp réunies au talent sage de Romeyn.

Bois, haut. 22 cent., larg. 26 cent.

HUYSUM (JAN. VAN).

138 — Bouquet formé de fleurs des plus belles espèces et du plus vif incarnat; il est placé dans un vase enrichi de bas-reliefs.

Toile, haut. 68 cent., larg. 49 cent.

LE MEME.

139 — Autre vase de fleurs telles que tulipes anémones, renoncules, dahlias, etc.; elles sont placées également dans un beau vase auprès duquel on voit un nid d'oiseau.

Bois, haut. 78 cent., larg. 60 cent.

HOOG (PIETRE DE).

140 — Intérieur de chambre hollandaise sur les murs de laquelle le soleil frappe d'une façon vraie et d'un effet heureux : dans cet intérieur une servante vue de dos est occupée à balayer.

Toile, haut. 58 cent., larg. 57 cent.

RUYSDAEL (JACQUES).

141 — Paysage cascade : site de Norwège : de hautes montagnes couvertes de sapins vigoureux s'élèvent jusqu'aux nues. La végétation forte et puissante de ces régions donnent à ce tableau un caractère de solitude sauvage autant qu'imposant ; Ruysdaël qui a long-temps étudié dans ces contrées éloignées avec van Everdingen

a souvent et victorieusement rivalisé avec lui pour la reproduction majestueuse de cette grande nature ; dans ce beau tableau, chef-d'œuvre d'exécution, il a triomphé des grandes difficultés que l'on rencontre à représenter l'eau qui tombe; ici on croit entendre le bruit de sa chute et l'écho le répéter de rocher en rocher ; quelques cabanes isolées complètent la composition de ce tableau capital.

Toile, haut. 68 cent., larg. 55 cent.

GENRE DU MÊME.

142 — Vue d'une mare bordée de roseaux, de saules indigènes et autres arbres ; un petit sentier qui conduit à une futaie se voit à droite.

Toile, haut 36 cent. 1/2, larg. 45 cent.

CUYP (ALBERT).

143 — Pâturage dans lequel sont des vaches debout et couchées, formant un groupe : auprès d'elles sont deux pâtres qui causent ensemble ; au deuxième plan à gauche est un tertre en pente sur lequel on aperçoit un chariot chargé de paille ; aux bornes de l'horizon paraissent deux petits moulins à vent dans la vapeur. Le charme des ouvrages de ce célèbre peintre explique la faveur dont on les entoure et l'accueil qu'on leur fait.

Bois, haut. 22 cent., larg. 29 cent.

LE MÊME.

144 — Trois vaches brunes au repos, près d'une métairie.

Bois, haut. 39 cent., larg. 39 cent.

KLOMP.

145 — Animaux en grand nombre, réunis dans une

prairie, au premier plan de la composition; ils sont gardés par deux jeunes pâtres qui jouent avec un chien.

Toile. 48 cent., larg. 61 cent.

HOBBEMA (D'après MENDER).

146 — Moulin à eau situé dans un lieu garni d'arbres fruitiers: le soleil qui frappe ce moulin, le détache brillant, malgré la clarté du ciel.

Bois, haut. 18 cent. 1/2, larg. 22 cent. 1/2.

D'APRÈS LE MÊME.

147 — Paysage pittoresque composé, sur le devant, d'une mare qui reflète le ciel, et un épais massif d'arbres formant bouquet: au centre du tableau et à gauche de ce bouquet d'arbres sont des fabriques rustiques entourées d'arbres, de haies et palissades: cette partie est vivement éclairée par un soleil brillant qui fait ressortir, vigoureux et détaché, le groupe principal; une baraque en planches, des troncs d'arbres coupés et de la végétation variée, enrichissent le premier plan de ce tableau.

Bois, haut. 58 cent., larg. 82 cent. 1/2.

WYNANTS (JAN).

148 — Vue d'une ville ou bourgade hollandaise à laquelle on arrive par deux portes ouvertes sur un chemin rocailleux; ce chemin est bordé par une eau courante au dessus de laquelle se voit un pont qui communique à un bâtiment de certaine importance; quelques figures que nous attribuons à Bernard Gaël vont et viennent en sens divers sur la route.

Bois, haut. 55 cent. 1/2, larg. 45 cent.

BACKHUYSEN (LUDOLF).

149 — Vue d'Amsterdam, de ses monuments et de

sa marine marchande, prise du Zuyderzée. Backhuysen, ce peintre de la mer agitée, a démontré dans ce magnifique tableau qu'il était également habile à peindre les calmes : il fait assister le spectateur émerveillé au mouvement d'un port de commerce, il le transporte au milieu de cette innombrable quantité de caboteurs qui se croisent en tous sens devant les grandes villes, retournant à la pêche ou en rapportant le produit. Le ton, l'aspect et le caractère du tableau en général, la vapeur qui tient à leur plan, les monuments et la ville ; la transparence des eaux qui les reflètent, leur mouvement qui n'est absolument que celui produit par la marée qui se retire, n'appartient et ne sont le résultat que de l'observation la plus profonde.

Toile, haut. 64 cent., larg. 80 cent.

VANDER NEER (EGLON).

150 — Jeune et belle femme vêtue de satin blanc et d'un par-dessous rouge : elle est assise devant une table recouverte d'un tapis épais, sur laquelle est une guitare à double manche, une glace et un chandelier ; elle parle à une jeune servante qui, placée debout derrière elle, tient à la main une aiguière en argent ciselé du plus beau travail ; la douceur et le modelé des têtes sont égaux à la rare perfection des étoffes et accessoires.

Toile, haut. 38 cent., larg. 32 cent.

VANDER NEER (AART).

151 — L'horizon est limité à gauche par une ville dont le centre est la proie des flammes : l'effet de cet incendie, qui n'a rien d'exagéré, répand un ton légèrement rougeâtre sur l'ensemble du paysage, et qui va se dégradant insensiblement : les eaux qui couvrent une grande partie du tableau, forment des lagunes parmi lesquelles on distingue des vaches.

Bois, haut. 17 cent. 1/2, larg. 25 cent.

LE MÊME.

152 — Paysage : effet d'hiver ; canal glacé de Hollande sur lequel s'excercent de nombreux patineurs et joueurs de mail.

Bois, haut. 56 cent., larg. 68 cent. 1/2.

LE MÊME (Attribué).

153 — Vue d'un canal hollandais, bordé d'arbres et de fabriques : au milieu il est interrompu par un léger pont de bois (effet de lune).

Toile, haut. 25 cent. 1/2, larg. 22 cent. 1/2.

TERBURG (GÉRARD).

154 — Un magistrat assis, les jambes croisées, auprès d'une table couverte d'un tapis et sur laquelle sont un pupitre, un encrier, etc., paraît réfléchir au contenu d'une lettre qu'il tient ouverte ; près de lui un joli chien épagneul est endormi. Comme tous les objets dus au pinceau de Terburg, celui-ci est emprunté aux coutumes intérieures de la haute société hollandaise.

Toile, haut. 72 cent., larg. 55 cent.

GHELDER (AART DE).

155 — Un savant géographe fait des recherches sur sa science et consulte un livre placé sur une table, devant laquelle il est assis ; une mappemonde et une carte, enfin un compas qu'il tient à la main, indiquent la nature de sa profession : le cabinet dans lequel il se tient, est

une pièce gothique où sont suspendus des armes et accessoirs différents. Cet admirable tableau, qui porte la signature de Rambrandt, nous paraît ne pas laisser de doutes sur l'attribution que nous lui donnons; cette attribution n'enlève rien à son mérite et à sa beauté, elle n'est que l'expression d'une conviction bien établie.

Bois, haut. 80 cent., larg. 62 cent.

EVERDINGEN (ALDERT VAN).

156 — Paysage très fortement accidenté : de hautes montagnes et des rochers qui s'élèvent jusqu'aux nues, dominent des châteaux-forts, des forêts, des cascades, etc., et bordent une rivière. Le site, plus découvert que ne le présentent généralement les paysages de ce peintre, est néamoins pris dans les mêmes régions de la Suède ou de la Norwège, seulement la nature des lieux lui a permis d'y introduire plus de lumière et d'effet.

Toile, haut. 81 cent., larg. 98 cent.

DUSSAERT (CORNÉLIS).

157 — Le Joueur de violon : des enfants et une femme sont réunis autour d'un musicien ambulant qui chante en s'accompagnant sur le violon; la satisfaction est peinte sur chaque physionomie que font rire les chansons du bonhomme : cette jolie scène qu'encadrent des détails bien faits de végétation et de fabriques fait plaisir et réjouit. Ayant fait partie du cabinet de M. le comte de Merle jusqu'à sa dispersion, il est compris sous le n. 69 du catalogue de sa vente faite en 1784.

Bois, haut. 34 cent. 1/2, larg. 20 cent.

MIERIS (WILHEM VAN).

158 — Suzanne et les vieillards : ce tableau supérieur se remarque par une exécution parfaite; il est un chef-d'œuvre de modelé et de finesse : la perfection rare des chairs et des étoffes, la beauté du fond de paysage, l'arrangement gracieux de la composition et sa conservation intacte, nous autorisent à l'annoncer comme très capital.

Bois, haut. 37 cent., larg. 32 cent.

LE MÊME.

159 — Jeune femme coiffée d'une toque à plumes, et vêtue d'une robe en étoffe riche et soyeuse. Remarquable et délicieuse composition.

Bois, haut. 15 cent., larg. 13 cent.

HOUTUYSEN.

160 — Paysage garni d'arbres d'une forte espèce, qui bordent un chemin tournant : sur ce chemin est une scène de voleurs qui dévalisent un voyageur à cheval : effet transparent et chaud, belle qualité.

Bois, haut. 55 cent., larg. 65.

VICTORS (JEAN).

161 — Dans l'intérieur d'une cour d'auberge, deux voyageurs s'entretiennent en mangeant et fumant la pipe; auprès d'eux et assise sur un tertre une servante écoutant leur conversation.

Toile, haut. 55 cent., larg. 41 cent. 1/2.

DEHEEM (JEAN-DAVID).

162 — Une quantité de vieux livres, vieux parchemins et manuscrits sont amoncelés sur une table de bois ; sur le feuillet de l'un sont écrits, en caractères lisibles, le nom du peintre et l'année où il fit ce tableau.

Bois, haut. 31 cent. 1/2, larg. 40 cent.

DECKER (CORNILLE).

163 — Baraques rustiques formées de briques et de planches : elles sont construites sur un terrain inégal et rocailleux baigné par les eaux tranquilles d'un canal. Cette étude pittoresque est magistralement exécutée.

Bois, haut. 36 cent., larg. 34 cent. 1/2.

STEEN (JAN).

164 — Bohémiens au repos dans une campagne : ils ont dressé leur tente auprès d'un tertre ; une de leurs femmes paie à un paysan le prix d'œufs et de laitage qu'il lui a vendus ; plus loin deux enfants surveillent la marmite.

Bois, haut. 52 cent. 1/2, larg. 42 cent.

ATTRIBUÉ AU MEME.

165 — Marché au poisson : placée sur le devant du tableau une jeune femme hollandaise dans un costume du matin, marchande des poissons étalés sur une boutique en plein vent. Ce tableau, quoique signé, nous paraît avoir plus de rapport avec le tableau de Breekelenkamp qu'avec celui de Stéen.

Bois, haut. 45 cent. 1/2, larg. 36 cent.

BOTH (ANDRÉ).

166 — Chemin tournant bordé d'un côté par une rivière et de l'autre par deux fabriques mélangées d'arbres : le tout est dominé par une tour recouverte d'un toit à l'italienne ; sur la route on distingue des muletiers et des bouviers allant en sens contraire. La couleur chaude et vaporeuse vous transporte dans les chaudes régions de l'Italie ; en voyant ce tableau on croit être dans les plus fortes chaleurs de l'été, sous le ciel le plus pur.

Bois, haut, 20 cent., larg. 33 cent. 1/2.

ELSHEYMER (ADAM).

167 — Tobie et l'ange dans un paysage au bord de la mer. On sait que les tableaux d'Elsheymer sont rares, étant mort jeune et ayant passé beaucoup de temps sur chaque ouvrage ; le fini précieux qu'on y observe l'a empêché d'en produire beaucoup ; quoique traitant admirablement le paysage, il a excellé à la figure qu'il a faite élégante et d'un style tout-à-fait dégagé de la rudesse de son époque.

Bois, haut., 15 cent., larg. 20 cent.

BREEMBERG (BARTHOLOMÉ).

169 — Paysage de forme ronde : deux tours carrées, flanquées de terrasses voûtées et garnies d'arbres touffus composent le centre du tableau ; des tronçons de colonnes, des fragments de chapiteaux de différents ordres sont épars çà et là ; l'ombre, portée d'une haute

muraille placée à gauche, traverse le tableau et détermine un effet heureux.

Cuivre, haut. 40 cent. 1/2.

LE MÊME.

170 — Repos de la sainte famille sous un massif d'arbres touffus et dans un vallon délicieux borné par des coteaux couverts d'une épaisse végétation.

Bois, haut. 23 cent. 1/2, larg. 33 cent. 1/2.

FERG (FRANÇOIS-PAUL).

171 — Paysage bien traité, clair et fin, d'un aspect aimable, et où on distingue de belles figures auprès d'un monument en ruines.

Cuivre, haut. 30 cent., larg. 37 cent.

LE MEME.

172 — Pendant du précédent : même sujet d'un arrangement différent.

Imprimerie et lithographie de Maulde et Renou, rue Bailleul, 9 et 11. 1251